天空之上的
大宇宙

[土] 格克切·伊尔滕 / 著 绘 赵凌暄 / 译

电子工业出版社·

Publishing House of Electronics Industry

北京·BEIJING

这是一个家园。

不，不是我们住的那个家，

是我们的地球家园。

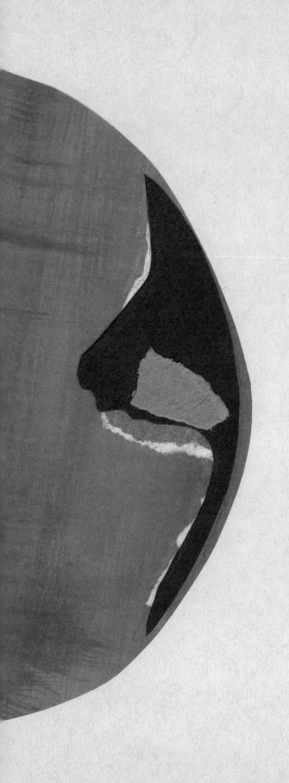

至少现在还是。

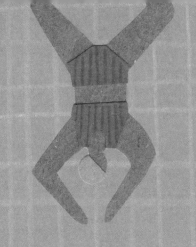

你身边能看到的最大的东西是什么？

奥运会游泳池吗？

还是一栋摩天大楼？

那些巨型的呢？

月亮——地球唯一的天然卫星，

是我们裸眼能看到的

最小的天然天体（如果不算上彗

星、流星的话）。

没错，最小的。

月亮

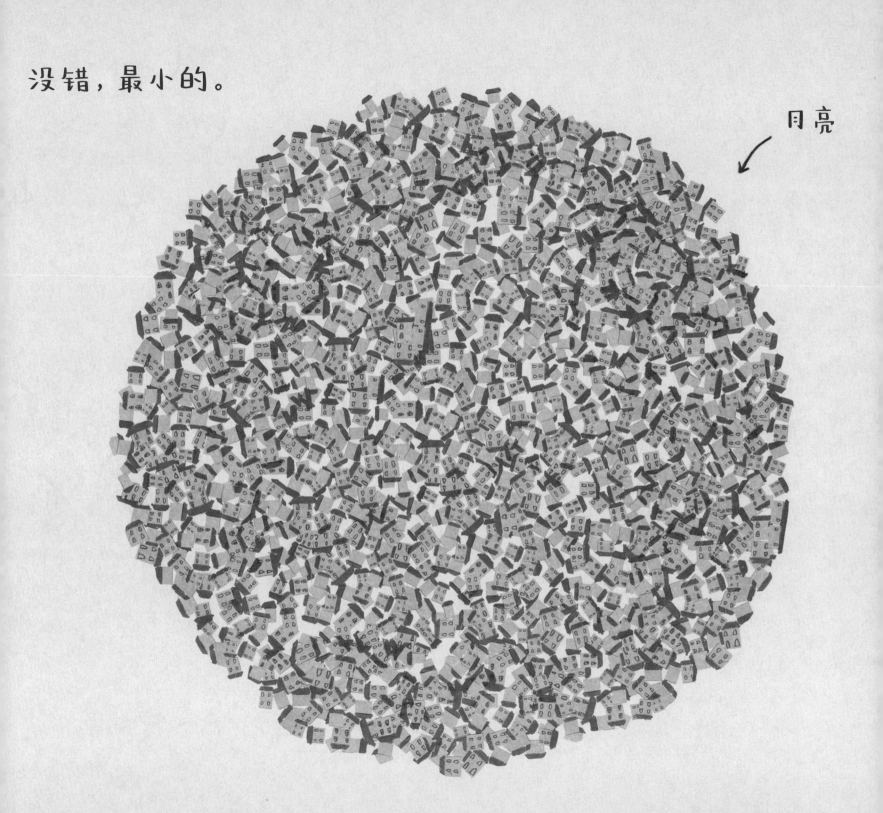

那么，我们的地球呢？

如果地球是个

水坑，你可能会像

这样。

嗯，可能更像这样吧。

太阳系里有8颗行星。

从水星数起，

我们的地球位列第三。

木星

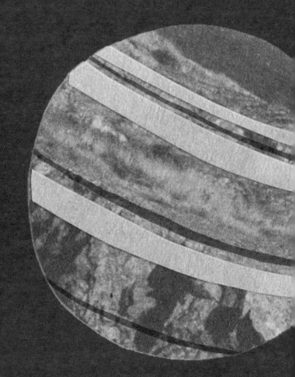

金星　　地球

水星　　　　　　　火星

月亮

土星

天王星

海王星

离太阳最近的水星，是太阳系里最小的行星。如果和地球挨着放在一起，它看上去可能是这个样子。

水星

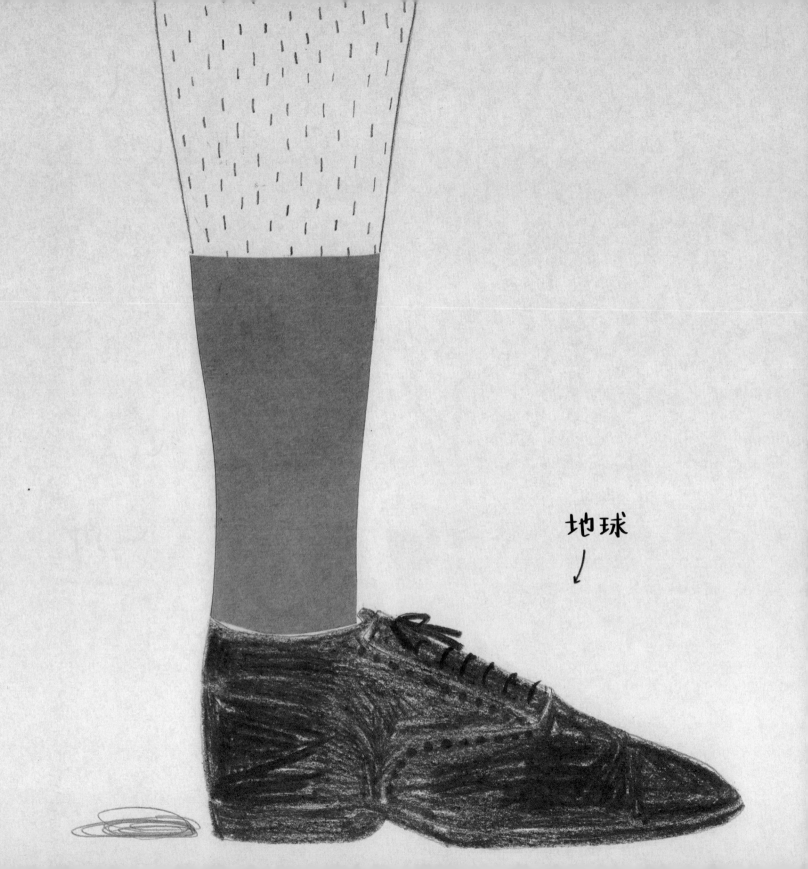

水星旁边的金星、地球和
火星是相邻的行星。

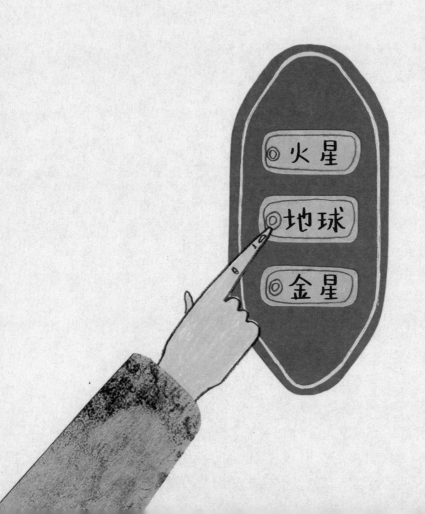

和其他行星不同，
金星是反方向自转的。

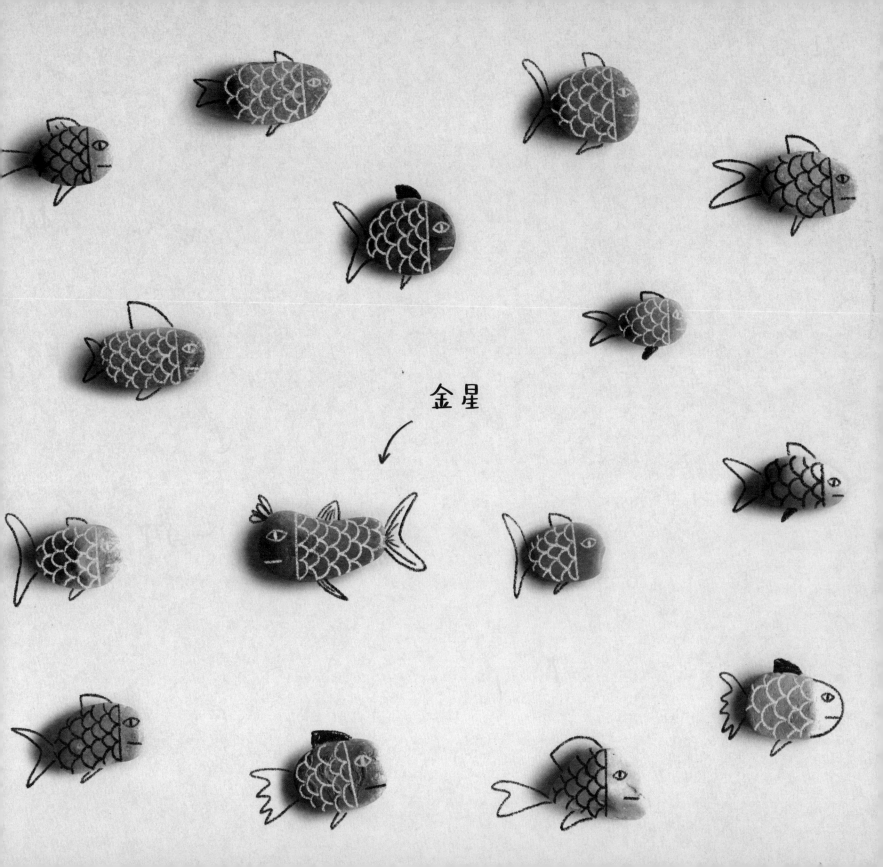

金星

地球

木星是离太阳第五近的行星，
也是太阳系中体积最大的行星。

排在第六个的行星有一个行星环，

它的名字是土星，

是太阳系中第二大的行星。

土星

土星环

天王星上特别冷，

它以"冰巨人"著称，

也是从水星数起的第七颗行星。

天王星

太阳系中的最后一颗，
也是最远的行星，是海王星。

它有多远呢？这么说吧，
如果你的奶奶现在从地球启
程前往这颗行星，她到达的
时候你都有孙子啦。

海王星

太阳系的恒星——
太阳，是我们地球主要
的热量和光的来源，
它是太阳系中
最大的天体。

它太大了……

当地球围着它转的时候，
看上去就像这样。

地球

那么要是我们和
整个太阳系相比呢？